Doris Fröhlich

Diversidade Genética numa Amostra de Póneis de Timor

Doris Fröhlich

Diversidade Genética numa Amostra de Póneis de Timor

e a distância genética a outras raças de cavalos australianas e indonésias

Imprint

Any brand names and product names mentioned in this book are subject to trademark, brand or patent protection and are trademarks or registered trademarks of their respective holders. The use of brand names, product names, common names, trade names, product descriptions etc. even without a particular marking in this work is in no way to be construed to mean that such names may be regarded as unrestricted in respect of trademark and brand protection legislation and could thus be used by anyone.

Cover image: www.ingimage.com

This book is a translation from the original published under ISBN 978-620-6-77419-8.

Publisher:
Sciencia Scripts
is a trademark of
Dodo Books Indian Ocean Ltd. and OmniScriptum S.R.L publishing group

120 High Road, East Finchley, London, N2 9ED, United Kingdom
Str. Armeneasca 28/1, office 1, Chisinau MD-2012, Republic of Moldova, Europe
Printed at: see last page
ISBN: 978-620-8-04837-2

Resumo

Os póneis de Timor (PT) foram enviados pela primeira vez para a Austrália no início do século XIX e eram muito apreciados como animais de transporte e de carga, o que fez com que os PT contribuíssem para o desenvolvimento das raças de cavalos australianas. Atualmente, embora o número exato de PTs na Austrália seja desconhecido, tem havido um interesse recente em estabelecer um programa de criação doméstica de PTs australianos com base numa pequena amostra de PTs selvagens capturados na Península de Cobourg, no Território do Norte, em 2003. Como tal, o objetivo deste estudo foi avaliar o parentesco de uma amostra de TPs, bem como fornecer estimativas dos níveis de consanguinidade genómica para melhor informar a viabilidade de utilizar estes animais como fundadores de um programa de reprodução doméstico. As regiões comuns de homozigotia (ROH) nestes cavalos foram comparadas com loci de caraterísticas quantitativas (QTL) previamente caracterizados para caraterísticas de reprodução e saúde no cavalo, para identificar qualquer sobreposição . Além disso, foram estimadas as distâncias genéticas entre os TPs amostrados e outras raças de cavalos australianos e indonésios. As amostras de pelo de cada cavalo foram genotipadas utilizando a matriz de genotipagem Illumina 80K Infinium Equine e os dados foram analisados utilizando PLINK v1.90b7, KING 2.3.2 e R v4.3.1 . Os resultados ilustram que existem cavalos distantemente relacionados e minimamente consanguíneos dentro dos TPs amostrados. Os comprimentos dos segmentos ROH indicam que eventos recentes de consanguinidade provavelmente só ocorreram em um terço dos cavalos. Não houve sobreposição entre a ilha ROH solitária e quaisquer QTLs previamente caracterizados para caraterísticas de reprodução e saúde. Alguns dos TPs amostrados mostram uma alta similaridade genética com raças de cavalos da Indonésia, como Sumba, Lombok, Gili e Java. Em geral, esses resultados são promissores para o sucesso de um programa doméstico de criação de TP, pois há evidências claras de variação genética dentro dos TP amostrados. Tendo em conta o baixo número de cavalos capturados, haveria certamente benefícios substanciais em incorporar cavalos adicionais, quer de TP da Austrália, Timor e das ilhas circundantes, quer de raças de cavalos indonésios.

Os Timor Ponies (TP) foram criados no início do século XIX. Jahrhunderts das erste Mal nach Australien geschifft und dort als Transport- und Packtiere eingesetzt. O facto de os TPs serem utilizados para o desenvolvimento dos Pferderassen australianos levou a que a sua utilização se tornasse um fenómeno de grande importância. Heutzutage ist die genaue Anzahl der in Australien lebenden TPs nicht bekannt und seit kurzem gibt es Interesse daran ein heimisches Zuchtprogramm für australische TPs, basierend auf einer kleinen Gruppe an verwilderten TPs, die in Cobourg Peninsula im Northern Territory im Jahr 2003 eingefangen wurden, einzuführen. O objetivo do presente estudo é avaliar a Verwandtschaft de um grupo de TPs e avaliar o seu nível de consumo, para que a utilização destas TPs como base para um programa de saúde saudável possa ser mais bem compreendida. Zudem wurden "runs of homozygosity" (ROH) Regionen, die innerhalb der untersuchten TPs verbreitet waren, mit zuvor charakterisierten quantitativen Loci (QTL) für

Reproduktions- und Gesundheitsmerkmale beim Pferd verglichen, um Überschneidungen festzustellen. O padrão genético entre os TPs estudados e os outros Pferderassen australianos e indonésios foi inferior. Em cada bovino foi introduzido um hemograma e a genotipagem foi efectuada com o "Illumina 80K Infinium Equine Genotyping Array". Os dados foram analisados com PLINK v1.90b7, KING 2.3.2 e R v4.3.1. Os resultados mostram que, no interior dos TPs estudados, existem indivíduos com uma maior distância em relação a outros TPs e com um nível mínimo de afetação de custos. Die Längen der ROH-Segmente deuten darauf hin, dass Inzuchtsereignisse nur bei einem Drittel der Pferde vor kurzer Zeit stattgefunden haben. Não houve quaisquer investigações entre a única "ilha ROH" e os QTLs de caraterísticas anteriores para os factores de reprodução e de saúde. Alguns dos TPs estudados apresentam uma elevada semelhança genética com as ilhas indonésias de Sumba, Lombok, Gili e Java. Estes resultados são, de facto, muito importantes para o sucesso de um programa de caça ao peixe de origem africana. Em virtude da grande quantidade de TPs anunciadas, será de grande importância que outras Pferde, como as TPs da Austrália, Timor e dos outros países insulares, ou as Pferderassen indonésias, sejam colocadas em contacto.

Índice

Introdução

A informação sobre a diversidade genética de uma espécie ou raça é uma base importante para a conservação sustentável e para os programas de gestão animal, uma vez que ajuda a compreender o desenvolvimento evolutivo e genético dessas espécies ou raças.[1,2] Especialmente em populações pequenas e ameaçadas de extinção, é importante conhecer a diversidade genética para introduzir planos de reprodução que preservem a variabilidade genética e evitem a extinção.[3] Além disso, as análises da diversidade genética desempenham um papel importante na manutenção e prossecução de objectivos de reprodução (por exemplo, fenótipo, comportamento, eficiência de produção em gado) ou na prevenção da conservação de doenças hereditárias. [1,4]

A diversidade genética mede a variação de uma sequência de ADN entre indivíduos de uma determinada espécie, raça ou população.[4] Uma diversidade genética elevada está associada a muitos alelos heterozigóticos no património genético e, consequentemente, a uma grande variedade de genótipos.[5] Esta variação genética é a unidade fundamental da biodiversidade e define os reinos da vida, as espécies, as raças e cada indivíduo. Esta variação permitiu que as espécies se adaptassem às mudanças ambientais durante a evolução.[4-6] A perda de polimorfismo genético tem um enorme impacto na sobrevivência, reprodutibilidade e aptidão de um único indivíduo, bem como de uma população, e conduz, especialmente em pequenas populações, a uma maior probabilidade de extinção.[3,5,6] A mutação, a migração, a seleção e a deriva genética são os principais efeitos evolutivos na diversidade genética. Nas raças pecuárias, outros factores que têm um impacto negativo na diversidade genética são a seleção artificial e a consanguinidade, uma vez que estes eventos aumentam a frequência dos alelos selecionados.[7] De acordo com o Sistema de Informação sobre a Diversidade dos Animais Domésticos (DAD-IS), 27% de todas as raças de gado (1905 de 7042) estão atualmente (setembro de 2023) em risco de extinção e mais de 1700 raças foram extintas nos últimos cinco anos.[7,8] Por conseguinte, é importante analisar a diversidade das espécies e raças animais e estabelecer estratégias de reprodução adequadas para manter e conservar a variação genética existente.

As análises da diversidade genética podem ser efectuadas com base em diferentes marcadores moleculares. Cada marcador tem vantagens e desvantagens diferentes e, consoante o objetivo da análise, um é mais adequado do que outro. Exemplos de possíveis marcadores são microssatélites ou repetições simples (SSR), marcadores cromossómicos y, variações do número de cópias (CNV), ADN mitocondrial (mtDNA) e polimorfismos de nucleótido único (SNP).[7] Neste estudo, foram utilizados dados de SNP, uma vez que se trata de um marcador rentável com elevada precisão, estabilidade genética e fiabilidade, sendo o marcador mais comum para a variação de sequências nos genomas.[5,7] Os SNP são sequências de ADN com uma única alteração de base na comparação de dois ou mais indivíduos e podem ser encontrados em exões e intrões. Os SNP são maioritariamente bialélicos, o que significa que existem dois nucleótidos possíveis para uma posição específica. Isto deve-se à baixa frequência da ocorrência de uma única alteração de base. Consequentemente, a probabilidade de uma única alteração de base ocorrer duas vezes na mesma posição é baixa. As alterações de base única só são consideradas SNP se o nucleótido menos frequente tiver uma frequência superior a 1%. Estas alterações de base única podem ser criadas por uma substituição, deleção ou inserção de um par de bases. No entanto, os indels nem sempre são considerados SNP, uma vez que ocorrem com base num mecanismo diferente. Outra razão pela qual estamos interessados nos SNP é o facto de alguns deles serem responsáveis pelo aparecimento de caraterísticas ou fenótipos específicos. Outros são variações neutras que ajudam a analisar a diversidade genética numa população ou a relação entre indivíduos. [5,9]

Para além do marcador molecular, os programas de análise de dados devem ser selecionados com base nos parâmetros que devem ser calculados. Existe uma grande variedade de parâmetros de diversidade genética. Este estudo centra-se em o coeficiente de relação (r) e as séries de homozigotia (ROH) uma vez que estes parâmetros podem fornecer informações sobre a estrutura e a diversidade genética de uma população. O coeficiente de relação é definido como a proporção do genoma que é coberta por acções idênticas por descendência (IBD).[10] As acções IBD são normalmente utilizadas para medir a semelhança genética de parentes e referem-se à relação entre dois indivíduos. Dois genes são IBD se forem idênticos e herdados por um antepassado comum.[11] Se ambos os genes forem idênticos mas não tiverem sido herdados por um antepassado comum, são idênticos por estado (IBS).[10] Neste estudo, o coeficiente de relação foi estimado em dois programas diferentes, que utilizam abordagens diferentes para estimar r, para comparar as diferenças nos resultados. A estimativa de r no PLINK baseia-se nas frequências alélicas e é calculada pela equação:

$$\hat{\pi} = \frac{1}{2} P(IBD = 1) + P(IBD = 2)$$

em que $\hat{\pi}$ é uma estimativa para r e P(IBD = 1) e P(IBD = 2) são as probabilidades de partilha de 1 ou 2 alelos IBD para dois indivíduos da mesma população.[12] O KING, por outro lado, utiliza o número de loci em que dois indivíduos são herterozigotos ($N_{1,1}$) e homozigotos diferentes ($N_{2,0}$). KING calcula r como:

$$r = 2 \cdot \frac{N_{1,1} - N_{2,0}}{N_1^{(i)} + N_1^{(j)}}$$

em que $N_1^{(i)}$ e $N_1^{(j)}$ são a soma dos loci heterozigóticos de cada indivíduo.[13] Espera-se que ambos os programas tenham uma elevada precisão na deteção de relações de parentesco de primeiro e segundo grau, mas têm resultados enviesados para parentes distantes, tendendo o PLINK a sobrestimar o parentesco próximo e a subestimar o parentesco distante (quarto grau e superior), enquanto o KING tende a subestimar o parentesco. No entanto, ambos têm um bom desempenho em populações homogéneas e indivíduos não misturados e têm o tempo de execução mais rápido em comparação com diferentes métodos de inferência de relações.[14]

O cálculo do ROH é um método moderno utilizado para análises de consanguinidade.[15] A consanguinidade refere-se ao acasalamento entre indivíduos que partilham pelo menos um antepassado. Esta definição leva ao problema de que quaisquer cois indivíduos partilham um antepassado comum se a distância do antepassado aos indivíduos não for restrita. Por conseguinte, a consanguinidade é normalmente definida como o acasalamento entre primos em primeiro grau ou parentes mais próximos ou o acasalamento entre dois indivíduos de uma população com uma relação mais próxima do que o parentesco médio nessa população.[16,17] Como já foi referido, a consanguinidade conduz a uma perda de diversidade genética, uma vez que aumenta a homozigotia na descendência.[6] A análise das ROH baseia-se neste princípio. As ROH são sequências homozigóticas longas e contínuas no genoma que têm origem num antepassado comum.[15] Na análise, o número e o comprimento destas sequências homozigóticas são avaliados. No passo seguinte, o coeficiente de consanguinidade (F_{ROH}) é calculado dividindo a soma de todos os comprimentos ROH no genoma autossómico por indivíduo pelo comprimento do genoma autossómico coberto com SNPs.[17,18] É calculado pela equação:

$$F_{ROH} = \frac{\sum L_{ROH}}{L_{Autosome}}$$

em que L_{ROH} é o comprimento de cada ROH e $L_{Autosoma}$ é o comprimento do genoma autossómico coberto por SNPs.[17] F_{ROH} não é apenas uma boa medida da autozigotia em todo o genoma dos indivíduos, mas também fornece informações sobre quando ocorreram estes eventos de consanguinidade.[19] Pode distinguir-se entre endogamia recente e antiga com base no comprimento das ROH. ROH longas indicam eventos de consanguinidade em gerações recentes e ROH curtas referem-se a consanguinidade mais distante, pois eventos de recombinação interrompem ROH longas no tempo. Consequentemente, os segmentos das ROH são mais longos quando a consanguinidade ocorreu recentemente, uma vez que se registaram menos eventos de recombinação e vice-versa.[19] As ROH são também utilizadas para detetar assinaturas de seleção.[20] As ROH estão distribuídas por todo o genoma, mas são mais prevalentes e conservadas em algumas regiões. Essas regiões são designadas por ilhas ROH. Em contrapartida, as sequências com menor presença de ROH numa população são designadas por "sobremesas ROH". Se as ilhas ROH estiverem presentes em regiões associadas a caraterísticas específicas, estas caraterísticas são mais conservadas na população analisada. Se as ilhas ROH afectam regiões que se correlacionam com uma doença, esta é mais prevalente na população em causa.[17]

As análises de parentesco e consanguinidade apenas se centram na diversidade genética dentro de uma população. Para obter uma melhor compreensão da diversidade entre diferentes populações ou raças, pode ser efectuado um escalonamento multidimensional (MDS). O MDS é uma boa forma de visualizar estruturas dentro das populações e entre populações. Para a análise, é utilizada a métrica da distância euclidiana para estimar as distâncias genéticas entre todos os indivíduos incluídos na análise.[12]

A combinação de todas estas análises permite prever a diversidade genética de uma população. Neste estudo foi investigada a diversidade genética de uma amostra de póneis de Timor (TP). Os PTs são uma raça de cavalos originalmente desenvolvida em Timor, uma ilha a norte da Austrália. [21,22]No início do século XIX, os PT foram enviados para a Austrália, uma vez que estes cavalos estavam facilmente disponíveis para as primeiras povoações do norte e eram mais adequados ao clima rigoroso da Austrália do que as raças de cavalos tradicionais europeias (por exemplo, puro-sangue, sangue de guerra).[21,23] Embora tenham apenas 100 a 120 cm de altura, são descritos como fortes, resistentes, dispostos e rápidos.[21,24] Consequentemente, esta raça foi historicamente utilizada para transporte, embalagem e corridas de póneis[25] e foi esta capacidade polivalente que fez com que os TPs desempenhassem um papel no desenvolvimento de raças de cavalos australianos, como o Waler e o Brumby. [21]Embora o número exato de TPs na Austrália seja atualmente desconhecido, existe um interesse recente em estabelecer um programa de criação doméstica de TPs australianos, capitalizando uma pequena amostra de TPs selvagens capturados na Península de Cobourg, no Território do Norte, no início dos anos 2000 (Figura 1).

Figura 1. Póneis de Timor capturados na Península de Cobourg, no Território do Norte, em 2003. (Fotografia de: Barb Bleicher)

Para além da análise da diversidade dentro da raça, foi estimada a distância genética a outras raças de cavalos da Indonésia e da Austrália. Uma vez que as TPs são originárias da Indonésia, pensa-se que têm uma elevada semelhança genética com outras raças de cavalos indonésias[22] (por exemplo, Sumba, Lombok, Java e Gili) e a contribuição das TPs para o desenvolvimento das raças de cavalos australianas (por exemplo, Waler e Brumby) sugere que estas raças também têm caraterísticas genéticas semelhantes às das TPs.[21] Por conseguinte, foram também incluídas no estudo amostras de diferentes populações de cavalos indonésios e australianos. Foram incluídas outras raças de cavalos (por exemplo, Garranos e Suffloks) para obter resultados mais fiáveis.

O objetivo do presente estudo foi avaliar a relação de parentesco de uma amostra de TPs, bem como fornecer estimativas dos níveis de consanguinidade genómica para melhor informar a viabilidade de usar estes animais como fundadores para um programa de reprodução doméstico. Em termos de um futuro programa de reprodução, a distância genética entre os póneis de Timor e outras raças de cavalos australianos e indonésios foi investigada para identificar raças potenciais que poderiam aumentar o património genético, mantendo o tipo de cavalo original.

Métodos

Neste estudo foram incluídas 84 amostras de cavalos. O quadro seguinte (ver Quadro 1) fornece informações sobre as raças destes cavalos.

Tabela 1. Número de amostras por raça incluídas nas análises.

Raça	Número
Pónei de Timor	28
Brumby	2
Garrano	9
Gili	2
Java	1
Lombok	5
Suffolk	2
Sumba	9
Mistura de pónei de Timor	2
Waler	24
Total	84

Dentro dos TPs existem dois garanhões capturados (TP2, TP11) e uma égua capturada (TP3) da Península de Cobourg, bem como cinco descendentes suspeitos (TP4-TP6, TP8-TP9), um descendente conhecido (TP1), que se diz ser a descendência de TP2 e TP3 e 15 TPs com origens variadas. Estes 15 TPs eram de Timor e das ilhas circundantes (TP7, TP12-TP15, TP17-TP23) ou de origem desconhecida (TP10, TP16, TP24) (ver Tabela 2). Além disso, TP2, TP3, TP7 e TP10-TP24 foram previamente confirmados como TP por testes de raça realizados pelos actuais proprietários desses cavalos e/ou como parte de um estudo anterior.

Tabela 2. Informações sobre a origem das amostras de pónei de Timor.

Cavalo	Origem	Grupo
TP1	Criados e nascidos em cativeiro, NT, AUS	1
TP2	Península de Cobourg, NT, AUS	1
TP3	Península de Cobourg, NT, AUS	1
TP4	QLD, AUS	-
TP5	QLD, AUS	-
TP6	QLD, AUS	1
TP7	Timor e ilhas vizinhas	-
TP8	NT, AUS	1
TP9	QLD, AUS	1
TP10	Desconhecido	1
TP11	Península de Cobourg, NT, AUS	1
TP12	Timor e ilhas vizinhas	2
TP13	Timor e ilhas vizinhas	2
TP14	Timor e ilhas vizinhas	2
TP15	Timor e ilhas vizinhas	2
TP16	Desconhecido	2
TP17	Timor e ilhas vizinhas	2
TP18	Timor e ilhas vizinhas	2
TP19	Timor e ilhas vizinhas	2
TP20	Timor e ilhas vizinhas	2
TP21	Timor e ilhas vizinhas	2
TP22	Timor e ilhas vizinhas	2
TP23	Timor e ilhas vizinhas	-
TP24	Desconhecido	-

Ambas as misturas de pónei de Timor foram criadas e nasceram em cativeiro e ambas têm um pai TP, sendo que uma delas provém de uma égua pónei de Shetland e a outra de uma égua Waler. Foram recolhidas amostras de pelo de cada cavalo e o ADN foi extraído utilizando protocolos normalizados para a extração de ADN de amostras de pelo.[26] O ADN de cada cavalo foi depois genotipado utilizando a matriz de genotipagem Illumina 80K Infinium Equine. Os dados genotípicos foram analisados utilizando PLINK v1.90b7, KING 2.3.2 e R v4.3.1. [12,13,29]O controlo de qualidade foi efectuado para remover dados mal genotipados e ruidosos, tendo sido excluídos os SNP com uma taxa de identificação inferior a 0. 9, os SNP localizados nos cromossomas X e Y e os indivíduos possivelmente duplicados ("*genoma*"; $\hat{\pi}$ > 0,95) foram excluídos.[12] Para a estimativa dos coeficientes de relacionamento e para as análises de MDS, SNPs com MAF < 0,05 também foram removidos.[18,30] Os coeficientes de relação foram estimados tanto no PLINK como no KING como a proporção do genoma partilhado entre dois indivíduos com base no IBD .[12,13,31] A proporção de IBD para cada par de cava os foi avaliada usando o comando "*genome*" no PLINK e o comando "*ibdseg*" no KING. Foram utilizados dois programas diferentes para estimar os coeficientes de relação, uma vez que cada programa utiliza abordagens diferentes para estimar r .[12,13] A classificação recomendada por Manichaikul et al. (2010) foi utilizada para derivar o grau de parentesco a partir do coeficiente de relação estimado.[13] As análises ROH foram efectuadas em PLINK utilizando o comando "homozyg".[12] As definições dos parâmetros foram escolhidas de acordo com Meyermans et al. (2020), pelo que a densidade mínima para os segmentos foi fixada em 38 kb/SNP, o comprimento máximo do intervalo foi de 400 kb, o número mínimo de SNPs para os segmentos foi calculado pelo parâmetro L e foi fixado em 57 e o limiar da janela de varrimento foi de 0,052.[15] Adicionalmente, as definições dos parâmetros incluíram: comprimento para segmentos ≥ 500 kb, número de heterozigotos permitido numa janela = 0, e número de chamadas em falta permitido numa janela = 1.[32,33] Scripts personalizados em R foram então usados para determinar as ilhas ROH que estavam presentes em pelo menos 50% dos indivíduos analisados.[20,29] As ilhas ROH foram comparadas com QTL previamente caracterizados para caraterísticas de reprodução e saúde no cavalo, para verificar se existe uma sobreposição entre a ROH comum e as regiões associadas a caraterísticas de saúde ou reprodução (descarregadas da base de dados de QTL do cavalo).[28] As distâncias genéticas para as análises MDS foram estimadas utilizando os comandos "cluster" e "mds-plot" no PLINK e os gráficos foram construídos em R utilizando scripts personalizados. [12,29]

Resultados

Após o controlo de qualidade (QC), restou um total de 77 cavalos, incluindo 24 TPs (ver Quadro 3).

Tabela 3. Número de amostras por raça incluídas nas análises após o controlo de qualidade.

Raça	Número
Pónei de Timor	24 (9 mulheres, 15 homens)
Brumby	2
Garrano	9
Gili	2
Java	1
Lombok	5
Suffolk	2
Sumba	8
Mistura de pónei de Timor	2
Waler	22
Total	77 (36 mulheres, 41 homens)

74 251 SNPs passaram no controlo de qualidade antes da filtragem da frequência dos alelos menores (MAF) e 56 916 SNPs passaram no controlo de qualidade após a inclusão do limiar MAF.

Análises de relações

Para a análise das relações, foram incluídos 24 TPs e 56.916 SNPs. As relações conhecidas entre pais e filhos entre TP1 e o pai (TP2) e a mãe (TP3) de TP1 foram validadas tanto no PLINK como no KING (Figuras 2 e 3). Havia também provas para apoiar relações claras de primeiro e segundo grau entre os cinco descendentes suspeitos (TP4-TP6, TP8-TP9), um TP com origem desconhecida (TP10), e todos os três TP originais da Península de Cobourg (TP2, TP3, TP11) (ver Quadro 2 e Figuras 2 e 3). No geral, a análise no PLINK resultou em 17 relações de primeiro grau, 54 de segundo grau, 51 de terceiro grau e 9 de quarto grau, enquanto a análise no KING detectou 10 relações de primeiro grau, 35 de segundo grau, 42 de terceiro grau e 75 de quarto grau (ver Tabela 4). Os restantes pares de cavalos TP eram parentes distantes (mais de quatro graus) ou não relacionados e constituíam 53% e 41% de todos os pares de cavalos TP, respetivamente.

Tabela 4. Número de pares de cavalos pónei de Timor relacionados entre si numa relação de primeiro grau, segundo grau, terceiro grau, quarto grau e mais distante.

	Primeiro grau	Segundo grau	Terceiro grau	Quarto grau	Distante ou não relacionado
PLINK	17	54	51	9	145
REI	10	35	42	75	114

Como esperado, tanto o PLINK como o KING revelaram dois grupos de TPs (Grupo 1 = TP1-TP3, TP6, TP8-TP11, Grupo 2 = TP12-TP22), em que o Grupo 1 (G1) incluía os três TPs da Penínsu a de Cobcurg, e o Grupo 2 (G2) consistia em 11 dos 15 TPs de origens variadas (ver Figuras 2 e 3 e Quadro 2).

As estimativas de parentesco são consistentes com o facto de os cavalos do G1 serem da mesma área, enquanto as origens dos cavalos do G2 são mais dispersas, uma vez que os cavalos do G1 estavam definitivamente mais relacionados entre si do que os cavalos do G2. Além disso, cinco cavalos não puderam ser atribuídos a G1 ou G2. Dois deles (TP23, TP24) mostram apenas um parentesco mínimo com todos os TPs analisados. Os outros três cavalos (TP4, TP5, TP7) mostram um alto nível de parentesco com cavalos tanto do G1 quanto do G2, sendo TP4 e TP5 mais próximos de cavalos do G1 e TP7 mais próximo de cavalos do G2. O TP4 parece estar relacionado com todos os TPs no presente estudo. No entanto, houve diferenças quanto ao grau dessas relações quando se compararam as matrizes geradas com PLINK e KING (ver Figuras 2 e 3).

Figura 2. Grau de parentesco para 24 póneis de Timor com base nos coeficientes de parentesco (r) calculados no PLINK.

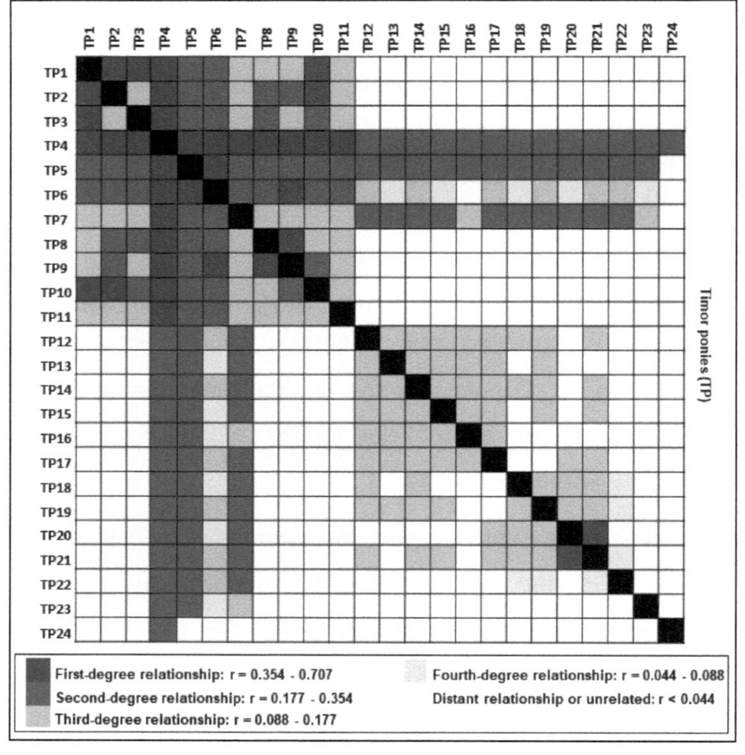

Figura 3. Grau de parentesco para 24 póneis de Timor com base nos coeficientes de parentesco (r) calculados no KING.

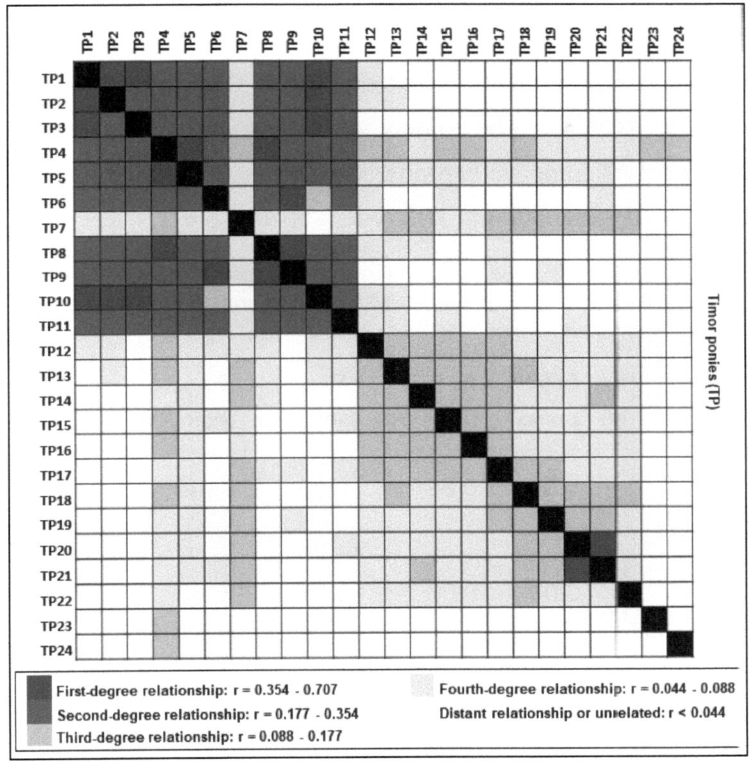

Análises ROH

Para o cálculo do coeficiente de consanguinidade (F_{ROH}) foram utilizados 74.251 SNPs. A cobertura do genoma que resultou das definições dos parâmetros escolhidos foi de 0,99, o que permite a deteção de ROH em 99% do genoma autossómico.[20] A mediana de F_{ROH} foi de 0,09 (intervalo interquartil = 0,06 - 0,18), com o F_{ROH} mais elevado (0,20) estimado em TP3 (ver Tabelas 5 e 6).

Tabela 5. Valores estatísticos do coeficiente de endogamia total (FROH) e FROH estratificado pelo comprimento (Mb) dos segmentos de homozigotia (ROH) de 24 póneis de Timor.

	F_{ROH}	F_{ROH} ≥ 16 Mb	$F_{8\ Mb\ \le\ ROH\ \le\ 16\ Mb}$	$F_{4\ Mb\ \le\ ROH\ \le\ 8\ Mb}$	$F_{2\ Mb\ \le\ ROH\ \le\ 4\ Mb}$	$F_{0.5\ Mb\ \le\ ROH\ \le\ 2\ Mb}$
Mediana	0.09	0.00	0.00	0.03	0.04	0.01
1º quartil	0.06	0.00	0.00	0.01	0.03	0.01
3º quartil	0.18	0.02	0.02	0.04	0.05	0.01
Média	0.10	0.01	0.01	0.03	0.04	0.01
Derivação padrão	0.07	0.02	0.02	0.02	0.02	0.01

Havia cinco animais com um F estimado$_{ROH}$ < 0,01, no entanto, quatro desses cavalos tinham uma taxa de chamada entre 83 e 86% (ver Tabela 6). Segmentos de ROH ≥ 16 Mb foram encontrados em oito cavalos, sendo que seis desses cavalos eram do G1 (ver Tabela 6 e Figura 4).

Tabela 6. Coeficiente de endogamia total (FROH), FROH estratificado por comprimento (Mb) de segmentos de homozigose (ROH) e taxas de chamada de 24 póneis de Timor.

IID	F_{ROH}	$F_{ROH} \geq 16\ Mb$	$F_{8\ Mb \leq ROH \leq 16\ Mb}$	$F_{4\ Mb \leq ROH \leq 8\ Mb}$	$F_{2\ Mb \leq ROH \leq 4\ Mb}$	$F_{0.5\ Mb \leq ROH \leq 2\ Mb}$	Taxa de chamadas
TP1	0.19	0.03	0.02	0.07	0.06	0.01	> 0.99
TP2	0.19	0.04	0.04	0.05	0.05	0.01	> 0.99
TP3	0.20	0.04	0.05	0.05	0.05	0.01	> 0.99
TP4	0.00	0.00	0.00	0.00	0.00	0.00	0.85
TP5	0.00	0.00	0.00	0.00	0.00	0.00	0.84
TP6	0.00	0.00	0.00	0.00	0.00	0.00	0.84
TP7	0.00	0.00	0.00	0.00	0.00	0.00	0.85
TP8	0.18	0.04	0.04	0.05	0.04	0.01	> 0.99
TP9	0.11	0.00	0.00	0.03	0.06	0.02	0.98
TP10	0.19	0.04	0.03	0.05	0.06	0.01	> 0.99
TP11	0.19	0.02	0.04	0.07	0.05	0.01	> 0.99
TP12	0.08	0.00	0.00	0.02	0.05	0.01	> 0.99
TP13	0.09	0.00	0.00	0.03	0.04	0.02	> 0.99
TP14	0.09	0.00	0.00	0.03	0.04	0.01	> 0.99
TP15	0.11	0.01	0.01	0.02	0.05	0.02	> 0.99
TP16	0.09	0.00	0.01	0.03	0.05	0.01	> 0.99
TP17	0.09	0.00	0.01	0.02	0.04	0.01	> 0.99
TP18	0.10	0.00	0.01	0.03	0.05	0.02	> 0.99
TP19	0.09	0.00	0.01	0.02	0.05	0.01	> 0.99
TP20	0.08	0.00	0.00	0.03	0.04	0.02	> 0.99
TP21	0.06	0.00	0.00	0.01	0.03	0.01	0.97

TP22	0.05	0.00	0.00	0.01	0.03	0.01	0.98
TP23	0.01	0.00	0.00	0.00	0.00	0.00	> 0.99
TP24	0.20	0.07	0.05	0.04	0.04	0.01	> 0.99

Figura 4. Coeficientes de consanguinidade (F_{ROH}) de 24 póneis de Timor estratificados pelo comprimento (Mb) dos segmentos de homozigotia (ROH).

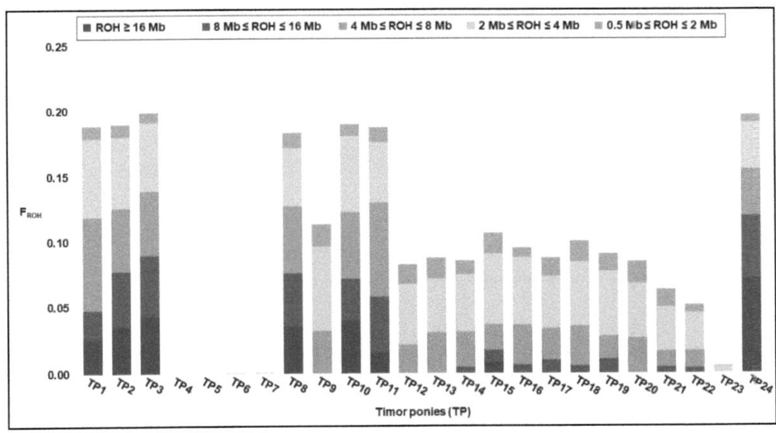

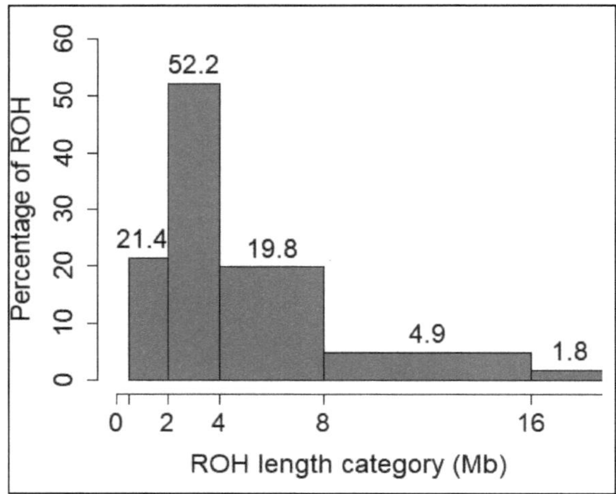

Apenas 1,8% de todos os segmentos de ROH têm mais de 16 Mb de comprimento. Mais de metade de todos os segmentos ROH detectados têm entre 2 e 4 Mb de comprimento (ver Figura 5).

As comparações da ROH entre os indivíduos revelaram uma ilha ROH que estava presente em pelo menos 50% dos TPs amostrados. Na figura 6, pode ver-se a localização da ROH de todos os PT amostrados e demonstra-se o número de PT com ROH nessas regiões.

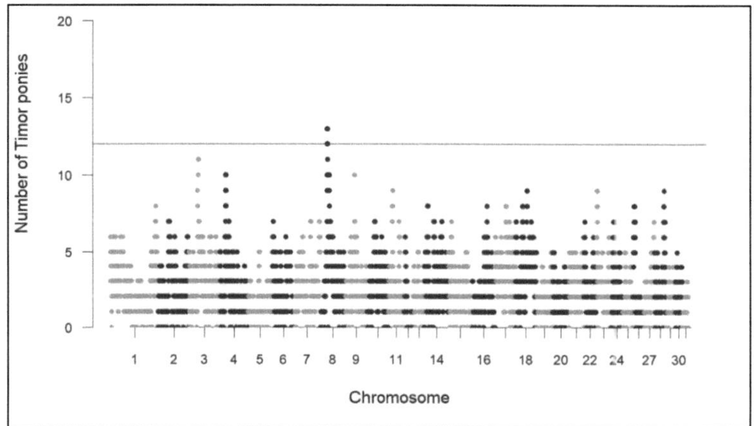

A ilha ROH estava localizada no cromossoma 8 *do equus caballus* (ECA) e tinha um comprimento total de 887 kb (ver quadro 7).

Tabela 7. Informação sobre as corridas de homozigotia (ROH) que as ilhas detectam em mais de 50% dos Timor Poneis (TP) amostrados.

NTP	CRH	BP1	BP2	KB	PNSN	%TP
13	8	26510631	27397738	887.108	30	54.17

NTP = Número de TPs que contêm a ilha ROH, CHR = Cromossoma onde a ilha ROH foi localizada, BP1 = Primeiro par de bases da ilha ROH, BP2 = Último par de bases da ilha ROH, KB = Comprimento da ilha ROH (kb), NSNP = Número de polimorfismos de nucleótido único incluídos na ilha ROH, %TP = Percentagem de TPs que contêm a ilha ROH.

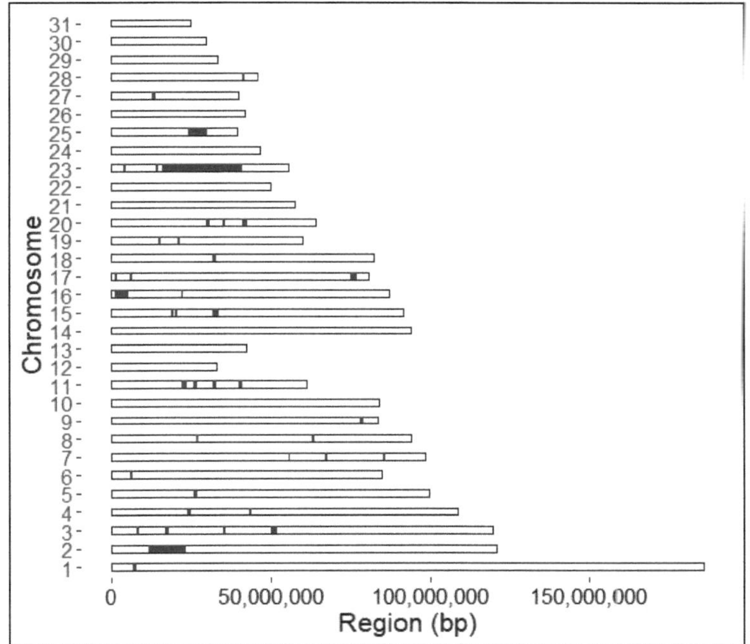

Não foi detectada qualquer sobreposição entre esta região e quaisquer loci de caraterísticas quantitativas (QTL) previamente caracterizados para caraterísticas de reprodução e saúde em cavalos (ver Figura 7).[28]

Análises MDS

Os resultados da análise MDS dos TPs amostrados foram consistentes com os da análise das relações. O gráfico MDS, que visualiza os resultados da análise MDS, mostrou que os PT de G1 e os PT de G2 se agrupavam em cantos opostos do sistema de coordenadas (ver Figura 8).

Figura 8. Gráfico de escalonamento multidimensional visualizando as distâncias genéticas entre os 24 póneis de Timor (PT) amostrados, com os PT do Grupo 1 (G1) representados por um círculo, os PT do Grupo 2 (G2) por um triângulo e os cinco cavalos que não estão afectados ao G1 nem ao G2 estão representados por um quadrado.

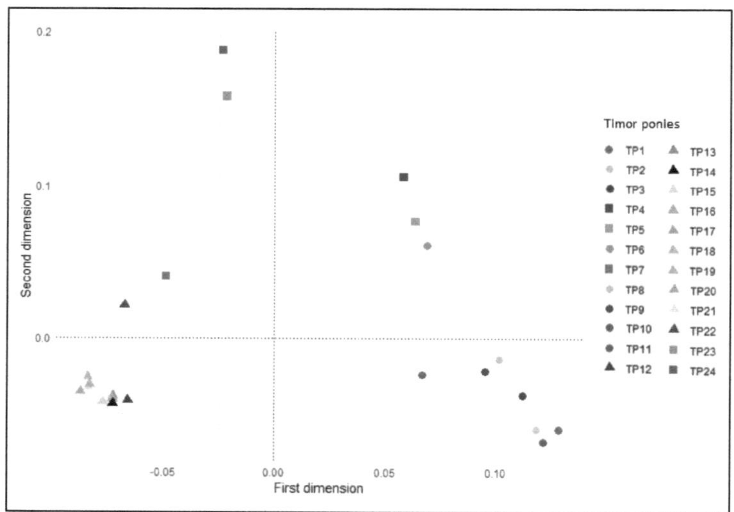

TP4, TP5 e TP7 foram localizados mais próximos do meio do diagrama, pois estão relacionados a cavalos de G1 e G2. Além disso, TP4 e TP5 estavam mais próximos dos cavalos de G1 e TP7 estava mais próximo dos TPs de G2, o que também foi descrito nos resultados das análises de relacionamento. TP6 e TP22 foram posicionados mais próximos do centro, o que é consistente com a matriz do grau de relações gerada no PLINK (ver Figura 2), pois esta figura mostra relações mais próximas entre TP6 e alguns cavalos do

G2 e menos relações entre TP22 e os outros cavalos do G2. Os cavalos minimamente relacionados TP23 e TP24 estão localizados na borda superior do diagrama, uma vez que estes cavalos têm a maior distância genética com o resto dos TPs amostrados.

O gráfico MDS de todos os 77 cavalos amostrados, incluindo dez raças diferentes, mostra uma clara divisão entre Walers, Garranos, Suffloks e o resto dos cavalos. No entanto, três Walers parecem ser outliers (ver Figura 9) e estão localizados perto dos TPs minimamente relacionados (TP23, TP24) e dos dois únicos Brumbies amostrados (ver Figura 10).

Figura 9. Gráfico de escalonamento multidimensional visualizando as distâncias genéticas entre 77 cavalos amostrados de 10 raças diferentes.

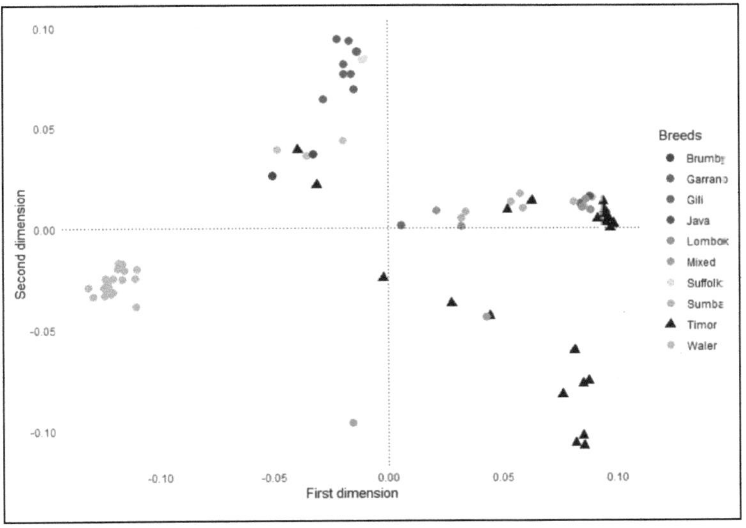

Como era de esperar, os restantes TPs estão divididos em dois grupos, sendo que os TPs do G2 estão mais próximos das raças de cavalos indonésios (Sumba, Lombok, Gili, Java) e os TPs do G1 estão mais afastados das outras raças (ver Figura 8 e 10).

Figura 10. Gráfico de escala multidimensional visualizando as distâncias genéticas entre os 24 póneis de Timor amostrados e o resto dos cavalos amostrados.

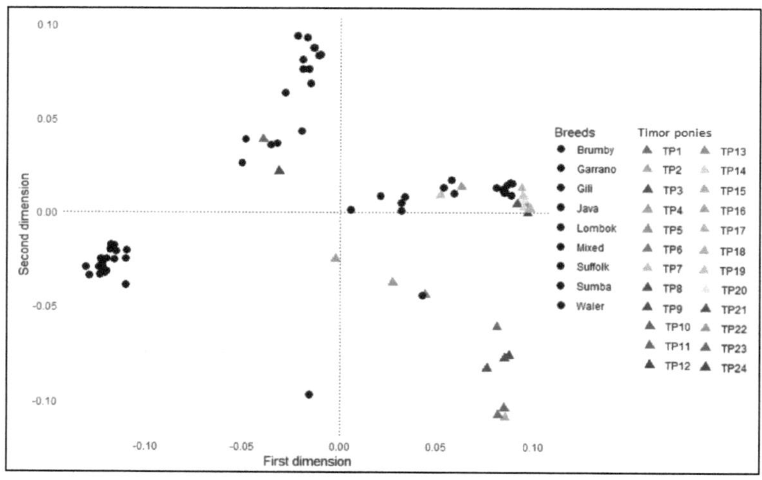

Discussão

Embora não seja possível fazer afirmações precisas sobre a relação de parentesco (por exemplo, pais e filhos versus irmãos completos) dos indivíduos devido à falta de registos de nascimento ou de informações sobre o pedigree, ao estimar o coeficiente de relação é possível avaliar o grau de relação e, assim, obter informações sobre a estrutura da população da amostra.[11] Ambos os programas produziram padrões semelhantes, mas a matriz gerada no PLINK apresenta claramente um maior número de relações estreitas O mesmo resultado pode ser observado comparando os números de relações de primeiro, segundo e terceiro graus. Este facto é consistente com a expetativa de que o PLINK tende a sobrestimar e o KING a subestimar as relações estreitas.[14] Uma vez que a estimativa foi efectuada com dois programas, um com tendência para sobrestimar e o outro com tendência para subestimar o parentesco próximo, estes fornecem um intervalo para r dentro dos cavalos da amostra.[14] Ambas as matrizes mostraram dois grupos de cavalos (G1, G2), três cavalos altamente relacionados com o resto das amostras (TP4, TP5, TP7) e dois cavalos minimamente relacionados com o resto das amostras (TP23, TP24) (ver Figuras 2 e 3). Os cavalos minimamente aparentados seriam particularmente valicsos para qualquer programa de reprodução doméstica proposto. Embora as baixas taxas de chamadas individuais (< 86%) para quatro cavalos possam ter influenciado as estimativas de r, essas estimativas foram baseadas em 56.916 SNPs, portanto, espera-se que qualquer influência tenha sido mínima.[14] Os resultados das análises atuais indicaram que há cavalos com F_{ROH} próximo de zero. No entanto, deve-se notar que quatro em cada cinco desses cavalos tinham taxas de chamadas abaixo do que é geralmente considerado como o limite mínimo para taxas de chamadas individuais (ou seja, 95%).[18,19,27] Este aumento de chamadas em falta leva normalmente a que os segmentos não sejam classificados como segmentos ROH no PLINK, uma vez que é altamente provável que estes segmentos sejam interrompidos por mais do que uma chamada em falta, colocando-os acima do número máximo de chamadas em falta permitido por janela. Assim, cavalos com uma taxa de chamadas reduzida podem ter um F subestimado$_{ROH}$. Embora o aumento do número de chamadas perdidas permitidas dentro de uma janela possa, em parte, ajudar a resolver isso, também pode inflar artificialmente o F_{ROH} . No entanto, existem alguns cavalos (TP21-TP23) com taxas de chamadas individuais > 95% que têm F_{ROH} < 6,25%, o que equivale a F_{ROH} resultante do acasalamento entre primos em primeiro grau (ver Tabela 6).[16] Nesses cavalos, não foram identificados segmentos ROH com mais de 16 Mb de comprimento, portanto, eventos recentes de endogamia são improváveis.[19] Segmentos ROH com mais de 16 Mb de comprimento foram identificados em oito cavalos e esses indivíduos também tinham F_{ROH} acima da média da amostra. Além disso, seis de oito desses cavalos pertenciam ao G1 (Figs. 1 e 2), portanto, os cavalos da Península de Cobourg e seus descendentes parecem ter uma consanguinidade mais recente do que os cavalos do G2. Estes cavalos onde foram detectados eventos de consanguinidade recentes têm, em geral, um coeficiente de consanguinidade mais elevado (FROH ≥ 0,11) (ver Tabela 6). Como esperado, o gráfico MDS mostrou uma grande distância genética entre Garranos, uma raça de pónei portuguesa, Suffloks, um cavalo de tração britânico, e TPs.[21] Além disso, o gráfico

MDS demonstra que os cavalos do G2, que são originários de Timor e das ilhas circundantes (ver Quadro 2), têm uma maior semelhança genética com as raças de cavalos da Indonésia (Sumba, Lombok, Gili, Java) (ver Figuras 9 e 10). É provável que a origem destes TPs também seja uma razão para o menor grau de parentesco e o menor coeficiente de consanguinidade, uma vez que estes cavalos são originários de ilhas diferentes e, consequentemente, têm menos probabilidades de se reproduzirem uns com os outros. Em contraste, os cavalos do G1 são todos originários da Austrália e eram mais aparentados e mais consanguíneos.

Em geral, os comprimentos dos segmentos ROH indicam que eventos recentes de consanguinidade provavelmente só ocorreram em um terço dos cavalos amostrados e os resultados ilustram que há cavalos distantemente relacionados e minimamente consanguíneos dentro dos TPs amostrados. Além disso, não houve sobreposição entre a ilha ROH na ECA 8 e nenhum QTL previamente caracterizado para caraterísticas de reprodução e saúde.[28] Em geral, estes resultados são promissores para o sucesso de um programa doméstico de reprodução de TP, uma vez que há evidências claras de variação genética dentro dos TP amostrados e não há regiões genómicas óbvias de preocupação relacionadas com a fertilidade e a saúde. Em termos de um programa de criação doméstica, é definitivamente benéfico incluir os TP de Timor e das ilhas circundantes no programa de criação, uma vez que o número atual de TP australianos capturados é pequeno e os TP de Timor e das ilhas circundantes apresentam uma maior diversidade genética. No entanto, tendo em conta o baixo número de cavalos capturados, haveria certamente ainda benefícios substanciais em incorporar cavalos adicionais, quer TP da Austrália, Timor e ilhas circundantes, quer cavalos indonésios como Sumba, Lombok, Gili e Java. [34]

Referências

1. Machmoum, M., Boujenane, I., Azelhak, R., Badaoui, B., Petit, D., Piro, M. Genetic Diversity and Population Structure of Arabian Horse Populations Using Microsatellite Markers. Journal of Equine Veterinary Sciene 2020;93.

2. Khanshour, A., Conant, E., Juras, R., Cothran, E.G. Análise de microssatélites da diversidade genética e da estrutura populacional das populações de cavalos árabes. Journal of Heredity 2013;104:386-98.

3. Vrijenhoek, R.C. Genetic diversity and fitness in small populations. Birkhauser Verlag Basel 1994;37:53.

4. Ellegren, H., Galtier, N. Determinantes da diversidade genética. Nature 2016;17:422-33.

5. Mukhopadhyay, T., Bhattacharjee, S. Genetic Diversity: Importance and Measurements. Research India Publications 2016;251-95.

6. Willoughby, J.R., Fernandez, N.B., Lamb, M.C., Ivy, J.A., Lacy, R.C., Dewoody, J.A. Os impactos da consanguinidade, da deriva e da seleção na diversidade genética em populações de reprodução em cativeiro. Molecular Ecology 2015;24:98-110.

7. Saravanan, K.A., Panigrahi, M., Kumar, H., Bhushan, B. Programas de software avançados para a análise da diversidade genética na genómica do gado: uma mini revisão. Biological Rhythm Research 2022;53:358-68.

8. Organização das Nações Unidas para a Alimentação e a Agricultura. Sistema de Informação sobre a Diversidade dos Animais Domésticos (DAD-IS). https://www.fao.org/dad-is/en/, citado em 20.Nov.2023.

9. Vignal, A., Milan, D., Sancristobal, M., Eggen, A. A review on SNP and other types of molecular markers and their use in animal genetics. Genet. Sel. Evol. 2002;34:275-305.

10. Pirinen, M. GWAS 5: Parentesco e estrutura populacional. Universidade de Helsínquia 2023. https://www.mv.helsinki.fi/home/mjxpirin/GWAS_course/materi al/GWAS5.html, citado em 24.Nov.2023.

11. Sun-Wei, G. Proporção de Genoma Partilhado Idêntico por Descendência de Parentes: Concept, Computation, and Applications. The Ameican Journal of Human Genetics 1995;56:1468-76.

12. Purcell, S., Neale, B., Todd-Brown, K., Thomas, L., Ferreira, M.A.R., Bender, D. et al. PLINK: A Tool Set for Whole-Genome Association and Population-Based Linkage Analyses. The American Journal of Human Genetics 2007;81:565-6.

13. Manichaikul, A., Mychaleckyj, J.C., Rich, S.S., Daly, K., Sale, M., Chen, W. Robust relationship inference in genome-wide association studies. Bioinformatics 2010;26:2867-73.

14. Ramstetter, M.D., Dyer, TD, Lehman, DM, Curran, J.E., Duggirala, R., Blangero, J. et al. Benchmarking Relatedness Inference

Methods with Genome-Wide Data from Thousands of Relatives. Genética 2017;207:75-82.

15. Meyermans, R., Gorssen, W., Buys, N., Janssens, S. How to study runs of homozygosity using PLINK? Um guia para analisar dados SNP de média densidade em gado e espécies de animais de estimação. BMC Genomics 2020;21.

16. Blouin, S.F., Blouin, M. Inbreeding Avoidance Behavior. Elsevier Publications Cambrige 1988;3:230-2.

17. Curik, I., Ferenčaković, M., Sölkner, J. Inbreeding and runs of homozygosity: Uma possível solução para um problema antigo. Ciência do gado 2014;166:26-34.

18. Velie, B.D., Solé, M., Jäderkvist Fegraeus, K., Rosengren, M.K., Røed, K.H., Ihler, C. et al. Medidas genómicas de consanguinidade no Trotter norueguês-sueco de sangue frio e suas associações com QTL conhecidos para caraterísticas de reprodução e saúde. Genet Sel Evol 2019;51.

19. Mastrangelo, S., Tolone, M., Di Gerlando, R., Fontanesi, L., Sardina1, M.T., Portolano, B. Estimativa genómica da consanguinidade em pequenas populações: avaliação de corridas de homozigotia em três raças locais de gado leiteiro. Animal 2016;10:746-54.

20. Gorssen, W., Meyermans, R., Janssens, S., Buys, N. Um repositório de ilhas ROH disponível ao público revela assinaturas de seleção em diferentes espécies de gado e animais de companhia. Genet Sel Evol 2021;53.

21. Hendricks, B.L. International encyclopedia of horse breeds. 1.ª ed. Norman: University of Oklahoma Press; 1995.

22. Fijn, N. Encountering the Horse: Initial Reactions of Aboriginal Australians to a Domesticated Animal [Encontrando o Cavalo: Reacções Iniciais dos Aborígenes Australianos a um Animal Domesticado]. Australian Humanities Review 2017;62:12-5.

23. Wesley, P. A polícia montada mantém a paz em Timor. AFP News 2001;100:12-3.

24. Haller, M. Der neue Kosmos-Pferdeführer. 3ª ed. Stuttgart: Kosmos; 2003.

25. Bettencourt, E.M.V., Tilman, M., Narciso, V., Silva Carvalho, M.L., Sousa Henriques, P.D. Os Papéis da Pecuária no Bem-estar das Comunidades Rurais de Timor-Leste. Revista de Economia e Sociologia Rural 2015;53:63-80.

26. Khanshour, A.M., Juras, R., Cothran, E.G. Análise microssatélite da variabilidade genética em cavalos Waler da Austrália. Australian Journal of Zoology 2013;61:357-65.

27. Hill, E.W.,McGivney, B.A, MacHugh, D.E Inbreeding depression and durability in the North American Thoroughbred horse. Animal Genetics 2003;54:408-11.

28. Hu, Z.L., Park, C.A., Reecy, J.M. Trazendo o Animal QTLdb e CorrDB para o futuro: enfrentando novos desafios e fornecendo serviços atualizados. Nucleic Acids Research 2021;50:956-61.

29. R Core Team. R: Uma linguagem e um ambiente para a computação estatística. R Foundation for Statistical Computing 2015; http://www.R-project.org, citado em 20.10.2023.

30. Kamiński, S., Hering, D.M., Jaworski, Z., Zabolewicz, T., Ruść A. Avaliação da endogamia genómica em cavalos Konik polacos. Revista Polaca de Ciências Veterinárias 2017; 20: 603-5.

31. Tinker, N.A., Mather, D.E. KIN: Software for Computing Kinship Coefficients. The Journal of Heredity 1993;84:238.

32. Purfield, D.C., Berry, D.P., McParland, S., Bradley, D.G. Runs de homozigotia e história populacional em bovinos. BMC Genetics 2012;13.

33. Ferenčaković, M., Sölkner, J., Curik, I. Estimando a autozigosidade a partir de informações de alto rendimento: efeitos da densidade SNP e erros de genotipagem. Genet Sel Evol 2013;45.

34. Fröhlich, D.E., Wallner, B., Juras, R., Cothran, E.G , Velie, D.B. Relatedness and genomic inbreeding in a sample of Timor ponies. Journal of Equine Veterinary Science 2024;133.

Apêndice

Lista de abreviaturas

Tabela 7. Lista de abreviaturas.

Abbreviation	Meaning
CNV	Copy number variations
DAD-IS	Domestic Animal Diversity Information System
DNA	Deoxyribonucleic acid
ECA	*Equus caballus* chromosome
F_{ROH}	Inbreeding coefficient
G1	Group 1
G2	Group 2
IBD	Identical-by-descent
IBS	Identical-by-state
MAF	Minor allele frequency
MDS	Multi-dimensional scaling
mtDNA	Mitochondrial DNA
QTL	Quantitative trait loci
r	Relationship coefficient
ROH	Runs of homozygosity
SNP	Single-nucleotide polymorphism
SSR	Single repeats
TP	Timor pony

Agradecimentos

Um agradecimento especial ao meu supervisor Bradon D. Velie, que me confiou este projeto e pela sua orientação e apoio.

Quero agradecer a todos os membros do Grupo de Genética e Genómica Equinas por terem feito do meu estágio uma experiência emocionante e divertida. Para além disso, quero agradecer à minha família e amigos pelo seu apoio e ajuda.

I want morebooks!

Buy your books fast and straightforward online - at one of world's fastest growing online book stores! Environmenta ly sound due to Print-on-Demand technologies.

Buy your books online at
www.morebooks.shop

Compre os seus livros mais rápido e diretamente na internet, em uma das livrarias on-line com o maior crescimento no mundo! Produção que protege o meio ambiente através das tecnologias de impressão sob demanda.

Compre os seus livros on-line em
www.morebooks.shop

Printed by Books on Demand GmbH, Norderstedt / Germany